VITICULTURE MÉRIDIONALE

APPLICATION DU FROID ET DE LA CHALEUR

EN VITICULTURE

par Audibert

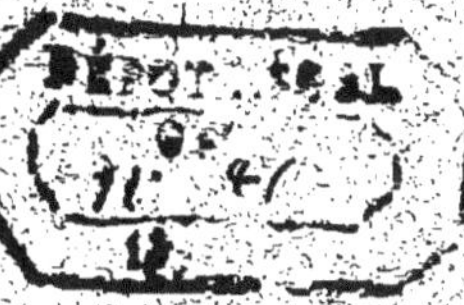

AUDIBERT

PROPRIÉTAIRE-VITICULTEUR

Membre de plusieurs Sociétés Viticoles

NIMES — 14, Route d'Arles, 14 — NIMES

VITICULTURE MÉRIDIONALE

AUDIBERT

PROPRIÉTAIRE-VITICULTEUR

Membre de plusieurs Sociétés Viticoles

NIMES — 14, Route d'Arles, 14 — NIMES

VITICULTURE MÉRIDIONALE

Application du froid et de la chaleur en Viticulture.

Produire les vrais vins de France, dignes de ce nom,
voilà notre but.

L'avenir de la Viticulture repose non pas sur les récoltes plus ou moins favorables, ce qui est indépendant de sa volonté, mais sur les soins qu'elle prendra d'éloigner les dangers qui l'entourent.

Ce sont ces dangers que nous allons étudier, en indiquant le moyen de les faire disparaître. Ces dangers sont :

1º Les vins faibles ou mal venus avec lesquels il faut compter chaque année. Ces vins ne se conservent pas, ne peuvent voyager, ils restent à la merci du commerce de gros qui les emploie pour des coupages ; à la disposition des brûleurs qui ne peuvent payer que très peu, gênés qu'ils sont par la concurrence des alcools d'industrie. Le reste se consomme sur place ce qui ne suffit pas pour absorber la quantité existante, dès lors la phlétore arrive amenant des prix dérisoires.

Ces vins sont par quantités considérables, puisque 87 0/0 des vins de France, pèsent moins de 11º qu'il en est beaucoup qui n'atteignent que 6 ou 7º.

Toutes ces raisons font que les vins faibles se traînent sur les marchés et sont constamment une cause de dépréciation des cours, laquelle pèse sur les vins les mieux réussis. De là un grand préjudice pour la viticulture en général.

Or, il ne faut pas l'oublier, on a beau dire qu'il ne faut plus planter les vignes sur les terrains humides, on n'empêchera jamais le propriétaire d'en tirer le parti qu'il juge convenable.

On espère des récoltes moyennes, mais la nature a toujours ses droits. Aux années ordinaires succèdent des années plus abondantes, et les excédents s'accumulent plus énergiques que jamais.

Là est un danger permanent. Il faut compter sur lui, même dans les années les plus favorables. Il faut donc le maîtriser. Nous en verrons plus loin le moyen.

Il est un autre danger avec lequel il faut lutter. C'est le commerce.

Certes son rôle serait bien utile, s'il était un simple trait d'union entre le producteur et le consommateur, mais toute autre est sa façon d'agir.

Ce qu'il veut, c'est être maître de la situation. Pour cela il lui faut comprimer la production, maîtriser la consommation de manière à les garder en mains toutes deux, de façon à ce que la soudure, si désirable entre producteurs et consommateurs ne puisse se faire.

Si encore il ne fallait compter qu'avec absolution, le mal serait moindre.

Mais à côté de la partie honnête, se glisse une quantité considérable de commerçants peu scrupuleux, qui ne voient dans le vin, que matière à tripotage, à adultération.

Qu'arrive-t il de ceci ?

C'est que depuis les vins de raisins secs, jusqu'à ceux dans lesquels la présence de l'eau joue le grand rôle, il se jette sur le marché des quantités considérables de liquides falsifiés qui n'ont souvent de raison d'être que l'étiquette.

La conséquence de ceci est une production à côté, qui absorbant une certaine partie de la consommation, vient rendre plus difficile l'écoulement des vins véritables, par suite augmente les peines, qu'éprouve le viticulteur à se débarrasser de sa production.

De ce côté donc, il y a pour la viticulture des entraves, des périls, dont il importe de la débarrasser. Pour cela il lui faut rendre ces vins plus alcooliques, plus solides et plus riches, de façon à ce que tout en réduisant son stock, elle puisse sans crainte d'altération rechercher le consommateur.

Un danger non moins important réside dans la fragilité des vins faibles et par suite dans la nécessité de les travailler.

En effet ces vins ne sont pas dans des conditions de vie normale , ce sont des malades qu'à chaque instant il faut soutirer, traiter sous peine de les voir succomber.

De là une cause de remèdes plus ou moins autorisés, qui, la plupart donnent lieu à maints inconvénients.

Le plus grand de tous est d'éloigner le corps médical.

Quand au lieu de vin naturel, le client a bu une boisson comportant une des mixtures que nous voyons si fréquemment recommandée, son estomac proteste.

Le médecin est appelé. Voyant les conséquences de cette protestation, il prescrit : *plus de vin.*

Et voilà pour la viticulture une source d'écoulement tarié.

Le tannin, l'acide sulfureux, l'acide tartrique qui au point de vue microbique ont leur raison d'être, n'échappent pas, quand ils sont en excès, à cette loi. Encore là l'estomac proteste énergiquement. Nous venons de voir les conséquences de cette protestation.

Si, avec ces produits connus, des inconvénients se manifestent, que dire de certains remèdes pressés par de fastueuses annonces et dont on ignore la composition.

La presse en signalait un exemple il y a quelques mois.

Un ouvrier veut chez un négociant en vins de la région parisienne prendre un verre de madère, il se trompe, boit un verre d'une mixture destinée à améliorer le vin, et.... tombe mort.

Que dire d'un produit semblable, employé à la bonification du vin ?

Et après cela comment s'étonner que les modernes le proscrivent ?

Hé bien, oui, il ne le faut pas. Il faut viticuteurs, que l'on sache que la production livre son vin pur de tous ces trafics, alors on viendra à elle.

Pour cela il faut vous souvenir que la nature a mis en vos mains le meilleur des remèdes : l'alcool, que ce remède existe dans votre vin.

A vous d'agir pour l'y concentrer en degré nécessaire à la conservation, ce que nous verrons dans un instant.

Alors, croyez-le bien, vous aurez à vous tout le corps médical, et ceci sera une arme puissante, car jeunes comme vieux, sous cette influence, consommeront le bienfaisant liquide. Or, pour satisfaire tout ce monde, forcément vos caves se videront.

N'est-ce pas là le résultat par vous désiré ?

Un autre ennemi de la Viticulture c'est l'Etranger.

Chaque année, la France lui enlève pour une centaine de millions de francs en vins. C'est autant, viticulteurs, qui n'entre pas dans votre caisse. C'est autant qui vient charger le marché. Double mal pesant lourdement sur vous.

Pourquoi cette importation.

Parce qu'elle apporte des vins riches en alcool et que ces vins riches mélangés à vos petits vins, font ces coupages si recherchés par le commerce. A ces coupages sont donnés des noms de vignobles connus. Ils passent ainsi dans la consommation, tandis que vos produits eux restent méconnus, ce qui ne devrait pas être, chacun de vos cantons devrait avoir sa marque, sa réputation. Grâce à cette situation votre vin reste en cave oublié ; mais les coupages, sous les appellations les plus sondées, vont à votre détriment capter la consommation.

Faites disparaître vos petits vins en faisant avec eux des vins normaux. Au besoin, faites s'il le faut des vins de 12°, 15° ; et vous repousserez l'étranger, et vous aurez ramené, vers votre bourse, l'argent qui, chaque année est enlevé par l'Espagne et l'Italie.

Puisque nous parlons de l'étranger disons quelques mots de l'exportation.

Est-elle digne des vins de France ? Non ! elle se traîne péniblement et cependant dans nombre de contrées nous pourrions exporter largement.

A quoi tient ce manque d'exportation.

Est-ce au goût, à la qualité de nos vins ?

Non ! les étrangers savent leur rendre justice.

Mais les voyages ne se font pas impunément, surtout pour les vins peu soutenus. Il faut que l'alcool soit en proportion suffisante pour leur donner la puissance conservatrice, leur permettre de résister à la chaleur des cales de navire, au climat de bien des pays. Les vins d'Espagne, d'Italie remplissent ce but, encore souvent, pour leur donner plus de nerf, plus de soutien, les alcoolise-t-on de 2° ou 3°.

Ce résultat nous pouvons l'obtenir. Non pas par l'alcoolisation directe, les mélanges ne valent jamais ce que la nature sait faire. Mais par un enrichissement naturel, qui retirant de l'eau du vin laisserait à celui-ci toutes ses qualités tout en lui donnant la teneur alcoolique voulue.

Enfin un danger sérieux vient, c'est l'envahissement de la bière.

Le tabac y incite. Le médecin n'y trouve pas les sels en excès ou les produits étrangers que l'on rencontre sur la plus grande partie des vins, la conseillée et voilà que peu à peu, jusque chez vous viticulteurs, elle arrive envahissante.

Cependant la bière ne convient pas à tous les estomacs, encore moins à notre tempérament. Ce n'est pas avec la bière que nous maintiendrons l'esprit vif, gai, qui constitue le caractère français.

Pour la repousser, donnons à notre vin toutes les qualités qu'il peut comporter. Au lieu des coupages qui inondent le marché, livrer notre vin naturel, à des prix rendus abordables par l'union des producteurs et des consommateurs, et la bière rentrera devant ces efforts, car ce n'est pas la boisson nationale, la boisson française ; seul le vin mérite ce nom.

Mais il ne suffit pas de signaler les dangers, il faut aussi indiquer le remède.

Ce remède est très simple, très vrai, très pratique, c'est l'enrichissement scientifique et naturel des vins. Deux procédés sont en présence, par le froid ou par la chaleur.

Quelques mots sur ce sujet. Par le froid.

D'abord qu'elle est l'action du froid ou de la chaleur sur les vins.

C'est d'exercer sur lui par un abaissement ou un relévement suffisant de température en une opération unique, tous les collages succesifs auxquels se livrent les viticulteurs.

En effet, chaque fois que le retour des saisons amène des variations dans la température le vin travaille, il faut l'épurer par le collage et le soutirage.

Mais si vous le soumettez à un froid énergique (10 ou 12° au dessous de 0) qui solidifie une partie de son eau, vous enrichissez en alcool la portion restée liquide.

Celle-ci perd, autant par l'action du froid que par sa plus grande teneur alcoolique de beaucoup ses propriétés dissolvantes. La conséquence de ce fait est la précipitation des tartres en excès, des lies, des ferments. Le vin soutiré sort donc parfaitement purifié.

Vous l'avez en un mot collé une fois pour toute.

Voilà ce qui se passe quand après avoir gelé le vin, vous le laissez se réchauffer et le soutirez, après qu'il est revenu à la température de 5 ou 6°.

Mais si au lieu de soutirer le vin lorsque la température est revenue au dessus de zéro, vous l'extrayez quand la masse est encore à 10 ou 12° au dessous de zéro une autre circonstance survient.

Cette circonstance c'est que la glace s'est formée au dépend de l'eau du vin, tandis que l'alcool qui, lui, est incongelable s'est amasé dans la partie restée liquide. Vous avez donc d'autant enrichi d'alcool cette partie, et cet enrichissement est en raisin direct de l'intensité du froid donnée par suite de la quantité d'eau congelée.

Avec des vins faibles, vous pouvez donc faire du vin plus riche et cette richesse peut aller jusqu'à 15° et au-delà.

Toutefois il ne faut pas croire qu'un simple soutirage suffirait. Dans la pratique les choses sont un peu plus compliquées.

La glace, qui se produit, n'est pas compacte comme celle que nous avons l'habitude de voir,

Dans le vin elle est formée d'aiguilles assez fines qui s'entrelacent comme un véritable feutre. Le feutre conserve, interposé, en très grande quantité de vin.

Si donc on soutirait simplement, on recueillerait d'un côté du vin insuffisamment enrichi, de l'autre une eau vinée, qui rejetée constituerait une perte sérieuse.

Il faut donc être outillé pour agir vigoureusement, soit par un turbinage énergique, soit par un soutirage forcé. Quelque soit le mode de congélation adopté, il faut compter avec cette nécessité. Alors le résultat sera complet. Alors tous les dangers signalés plus haut pourront être écartés.

Le cout du froid n'est pas considérable, et varie nécessairement avec la quantité d'eau à retirer du vin. On peut admettre, en utilisant la glace formée, que 100 litres d'eau retirés coûteraient en froid un franc.

Quant à l'application, il faut la considérer sous deux points de vue : A domicile.

Dans une usine régionale.

A domicile, elle est assez difficile à pratiquer, à cause des actions multiples à mettre en jeu. Ce n'est cependant pas impossible.

Dans une usine le travail devient plus facile. Là, une nécessité apparaît : la coopérative.

Mais n'est-ce pas justement le but vraiment sérieux vers lequel doivent tendre tous les viticulteurs.

La coopération c'est le joug du commerce secoué. C'est pour le producteur la sécurité au point de vue de l'écoulement. C'est la possibilité d'user du warrant. C'est en un mot d'énormes facilités pour le viticulteur qui se trouvera allégé de bien de soucis, bien de tracas. C'est enfin la réalisation des progrès sus énoncés, car avec elle le froid devient facile à appliquer.

Or, ne l'oublions pas, en la déshydratation le remède héroïque qui doit débarrasser la viticulture de tous les palliatifs employés.

Avec elle l'enrichissement devient facile. Et n'est-ce pas de tous les antiseptiques vinicoles le meilleur, le procédé le plus hygiénique, le seul qui donne des résultats certains, sans nuire à la santé.

Là est la question primordiale, car le développement de la viticulture est lié à la production d'une boisson généreuse mais *hygiénique*, ce qui n'est pas avec les masses de traitements qu'on impose au vin.

A l'appui de ceci qu'il me soit permis de citer un précédent personnel.

Quand j'ai démontré il y a vingt ans la possibilité de conserver plusieurs mois la viande fraîche et autres matières organiques par le froid, j'ai eu beaucoup à lutter, surtout contre les antiseptiques parmi lesquels l'acide sulfureux jouait un grand rôle.

J'ai persévéré parce que j'étais convaincu, que pour agir sûrement, efficacement il fallait avant tout donner à l'estomac l'aliment tel que la nature le fournit.

Dix ans et plus j'ai lutté pour faire comprendre cette vérité. Aujourd'hui elle est manifeste, c'est par centaines de millions que se chiffrent les transactions faites au moyen du froid. L'Angleterre à elle seule reçoit annuellement pour plus de 500 millions de produits ainsi conservés.

Il en sera de même pour la déshydratation des vins.

Son heure est proche. Ce jour là la viticulture aura fait un grand pas, car elle aura acquis son indépendance, elle se sera ouvert de nouveaux marchés, elle se sera acquis le concours du corps médical, elle aura excité la consommation tout en repoussant le stock étranger. Le vin aura vaincu la bière et reviendra la boisson nationale par excellence pour tous.

C'est donc une ère de prospérité qui se prépare. Et pour cela il ne faut que deux choses : la bonne volonté et le concours de tous.

Puisque nous parlons du Frigorifique qu'il me soit permis de raconter une petite histoire survenue à M. Tellier, ingénieur, à Paris, pendant son passage à Lisbonne. Elle a le mérite de montrer toute la puissance du froid sur le vin.

Un accident de chaudière dit M. Tellier nous ayant retenus six semaines à Lisbonne, j'eus l'occasion de faire connaissance d'un grand propriétaire, qui voulut bien me recevoir chez lui. Au cours du diner, il me demanda ce que je pensais de son vin. Je lui répondis la vérité, que je le trouvais bon, mais qu'il avait un excès de tannin, qu'un traitement par le froid corrigerait.

Il fut convenu, qu'il m'enverrait quelques bouteilles à bord du Frigorifique et qu'à quelques jours de là il viendrait déjeuner avec moi.

Au jour, dit il arrive. Je lui fis goûter son vin que j'avais soumis à un froid suffisant, puis décanté. Jamais il ne voulut le reconnaître et me quitta persuadé que c'était du vin de France que je lui avais servi.

Si j'avais eu le temps j'aurais recommencé sous ses yeux afin de le convaincre, mais les réparations étaient terminées, il me fallut expédier le Frigorifique et l'affaire dût en rester là.

Ce fait est un exemple entre mille du parti qu'il est possible de tirer du froid en viticulture et par conséquent de l'intérêt immense que présente la question.

DEUXIÈME PARTIE. — LA CHALEUR

La science a découvert également la conservation et l'enrichissement des vins par l'application de la chaleur. Nous avons assisté à toutes les expériences qui ont été faites par l'appareil S. B. breveté en France et à l'Étranger. Frappé par les admirables résultats, l'intérêt que nous portons à notre chère viticulture nous imposera le devoir d'en vulgariser l'application parallèlement avec celle du froid, les résultats étant les mêmes.

Après les expériences les comités ont rédigé un rapport d'ensemble que nous croyons utile d'en extraire les principaux passages.

Dans le commerce des vins, il devient chaque jour plus nécessaire de fournir à la clientèle des produits ayant la plus grande régularité possible, et comme la qualité du vin dépend essentiellement des conditions climatériques, qui sont très variables, d'une année à l'autre, il y a là pour le commerce une difficulté extrêmement grave.

Chacun sait que le même cru pourra donner dans deux années successives et malgré que l'on ait pris les plus grandes précautions pour la vendange, du vin de qualité différente il pourra n'avoir ni le même degré alcoolique, ni la même couleur, ni le même bouquet, il pourra contenir des qualités très différentes d'extrait sec et avoir aussi une acidité très variable.

Ces inconvénients sont aussi graves pour les grands vins de crus, tels que les vins de Champagne, de Bourgogne et de Bordeaux qui font l'objet d'une exportation importante, que pour les vins de qualité ordinaire qui sont livrés couramment à la clientèle française.

Pour les premiers, il est de la plus haute importance qu'ils restent conformes à des types fixés, afin de conserver à la marque toute sa valeur, et cette condition est d'autant plus essentielle que la clientèle à laquelle on s'adresse est plus lointaine et devient plus exigeante, à mesure que le produit qu'elle achète est d'un prix plus élevé.

Pour les vins ordinaires, la régularité de la qualité est la condition indispensable pour la conservation de la clientèle sans cesse sollicitée par des offres et des promesses de toutes sortes ; elle se rendrait certainement aux vins dont elle a été satisfaite, si le commerce pouvait lui donner avec certitude des vins de même type, possédant les mêmes qualités comme couleur, comme degré alcoolique, comme acidité et possédant le bouquet spécial du cru.

En outre, c'est certainement en s'ouvrant des marchés à l'Etranger pour leurs vins de table ordinaires, si supérieurs à tout ce qui se fait en Espagne et en Italie, que les viticulteurs Français et Algériens pourront trouver un remède efficace à la crise qu'ils traversent. Rien n'est plus nécessaire pour conquérir les consommateurs étrangers que de leur présenter des vins ayant toujours, comme le dit M. Rivoire, « des types de qualités fixes », c'est-à-dire possédant la couleur et le degré les plus appréciés par la clientèle spéciale à laquelle on s'adresse.

Pour les vins ordinaires, plus encore que pour les vins des grands crus, ce sera donc un précieux avantage de pouvoir offrir aux acheteurs, des vins rigoureusement conformes à un échantillon type par la couleur et le degré alcoolique.

Cet avantage, l'enchérisseur le donne avec une complète exactitude, sans que le vin subisse aucun mélange et cesse d'être le produit absolument naturel pur, que tous les consommateurs désirent aujourd'hui ; la vinification aura été seulement complétée par une dernière opération qui a pour effet de corriger les défauts qu'une vendange effectuée dans de mauvaises conditions peut donner au vin dans certaines années.

BUT. — De relever le degré alcoolique et la richesse en extraits des vins, en leur enlevant une partie de l'eau qu'ils contiennent sans rien enlever autre chose que de l'eau. c'est-à-dire en leur conservant la totalité de l'alcool, des bouquets, du tartre et des matières colorantes.

2º De supprimer l'acidité dans les vins piqués en enlevant t ès facilement une grande partie de l'acide acétique.

3º De pasteuriser les vins en les enrichissant et les guérissant, c'est-à-dire de rendre impossible tout développement ultérieur des germes de maladies, mannite, tourne, pousse, acidité, etc.

4º De ramener chaque cru de vin à un type complètement uniforme comme couleur, comme extrait et comme acidité.

5º D'enlever facilement l'acide acétique en relevant le degré alcoolique au titre qu'il voudrait et transformerait ainsi en bon vin facile à écouler, un produit qui n'était certainement pas vendable.

Résultats Commerciaux.

En 1900, 1901 et 1902, nos petits vins se payaient sur la base de 0 fr. 75 le degré, alors que les vins d'Algérie, d'Espagne et d'Italie s'écoulent entre 1 fr. 70 à 2 francs le degré.

Il en résulte de ces chiffres, qu'un hectolitre de vin à 6°
vaut tout au plus 4 fr. 50 tandis qu'un hectolitre de vin à 12°
vaut au moins 20 francs.

2 hectolitres à 6° valant 9 francs donneront 1 hectolitre
à 12° valant 20 francs. La valeur du vin aura donc doublé en
l'enrichissant de 6° par le moyen de l'appareil.

Constatations faites par la Station Œnologique de Beaume.

Il résulte d'une lettre de Monsieur le Directeur de la station
œnologique de Beaume, que la dégustation d'un vin dont le
degré a été augmenté de 10° par notre procédé a établi :

1° Que le vin enrichi n'a acquis aucun goût anormal.

2° Que mélangé à un autre vin il n'y apporte aucun goût
anormal.

En outre, l'examen du vin enrichi et du vin témoin a
montré que la couleur a été augmentée dans la même proportion que le degré alcoolique.

L'analyse chimique a prononcé aussi que, l'acidité volatile
du vin concentré était moindre que celle du vin témoin.

Enfin, elle a démontré que les eaux résiduelles ne contiennent aucune trace d'alcool et renferment, au contraire, une
quantité importante d'acide acétique.

CONCLUSION

L'enrichisseur doit être l'appareil régulateur de tout
vignoble.

Par son emploi, le viticulteur pourra obtenir des vins
toujours du même type, d'une régularité parfaite, invariable
que la saison ait été sèche ou pluvieuse, que la vendange ait
été bonne ou de mauvaises conditions, la couleur, et le
degré alcoolique seront identiques, le bouquet, la finesse,
la saveur seront toujours uniquement celui du cru ; l'acidité
s'il y en avait de trop sera corrigée.

Les sels en excès, les lies, les algues et toutes les
matières que le vin doit rejetter sont précipités, et les
nombreuses opérations de la cave, collage, soutirage,
plâtrage, etc., sont supprimées.

La Technique Œnologique.

La technique œnologique est peu répandue dans le monde
des viticulteurs bien moins que ce que l'on croit. Et cependant à les entendre séparément, nul ne peut mieux faire

són vin et nul ne peut mieux le conserver que celui auquel on parle. Mais si on examine la question de près, ou qu'on tente une enquête, combien faut-il en rabattre. On ne tarde pas à trouver une ignorance extrême des principes même les plus élémentaires de la vinification, et cela chez presque tous nos viticulteurs, dont les conséquences se font durement sentir par l'abaissement des prix et dans bien d'autres cas.

Cette ignorance place la production vinicole dans l'anarchie la plus déplorable, il n'y a plus de type de cru uniforme, régulier, les crus varient chaque année, les vins sont pleins de défauts, qu'ils conservent pendant toute leur existence.

Un viticulteur produit deux, trois et même davantage de types de vin qui varient chaque année, or ceci répété à des centaines de viticulteurs d'une même localité, quelle tour de babel, et qu'en résulte-t-il ? C'est une source intarissable de confusion, de discrédit, élevée au sein de la viticulture, d'où le commerce en profite largement en créant des types d'imitation, en usant de la fraude ou toutes sortes de triturations dont il s'en fait une spécialité.

Cette année les vins faibles sont payés par le commerce plus chers que les vins de bonne qualité, cela nous montre à quel degré la fraude commerciale en est arrivée. Le négoce a besoin de ces vins pour former ces spécialités de vin qu'il fabrique, qu'il triture et les paie à n'importe quel prix, mais lorsque la production se relèvera un peu, la crise sévira encore avec plus d'intensité, d'un côté la plantation des vignes s'accentue dans des proportions formidables, si la viticulture ne prend garde c'est sa ruine irrémédiable.

Il faut viticulteur offrir à la consommation Française et Etrangère les vrais vins de France, et qu'ils soient dignes de ce nom. Il faut former des types uniformes, invariables, parfaits, réguliers et d'une pureté exemplaire, afin qu'on puisse les garantir par une marque et poursuivre le contre-facteur s'il y a lieu. On voit encore aujourd'hui, dans les centres de consommation, livrer des vins à 0,15 le litre sous le nom de vin du Gard, de l'Hérault, etc. et les journaux abondent de ces réclames lancées par des viticulteurs récoltants. C'est à dérouter la conscience publique.

Grâce à l'application des procédés nouveaux, on peut produire avec les vins mal venus, les vins faibles, des vins de table de bonne qualité, ayant un titre normal. Avec les vins mieux réussis on peut produire des vins de qualité remarquable ainsi de suite.

Office général de Vente.

Il sera créé dans le centre des vignobles de notre région et à Paris un Office où tous les acheteurs Français et Etrangers, trouveront les collections d'échantillons des types des crus garantis par la marque et par l'analyse qui sera faite à leur présence.

Les acheteurs auront le loisir de les connaitre et de les apprécier sainement, ils se formeront une opinion exacte de leur achat et convaincus de la qualité ils formuleront des achats précis, soit en se rendant chez le producteur, ou à l'office. L'acheteur ne sera plus exposé aux surprises, et au contre coup d'irréflexion, et bien d'autres faits qui sont tout aussi préjudiciables au vendeur.

L'office évitera la vente des vins à la Bourse, dont le producteur est toujours la partie perdante, et l'acheteur évitera les multiples désillusions.

Cette innovation est approuvée par les viticulteurs et le commerce dont les acheteurs et vendeurs y auront des avantages réciproques, très appréciables.

Nous prions tous les viticulteurs de nous demander les renseignements intéressant cette belle innovation.

AVIS IMPORTANT

Les nombreuses Sociétés de tempérance de France, d'Angleterre et de Suisse, nous demandent le jus de raisin concentré pour la fabrication de sirops, de confitures, de gelées et autres articles alimentaires.

La quantité nécessaire peut s'élever pour l'année 1903-1904 à 65.000 hectolitres, que la viticulture française doit produire sous peïne de perdre non seulement cette nouvelle clientèle, mais aussi de compromettre l'essor si rapide du développement déjà si vaste de cette industrie nouvelle.

Les viticulteurs qui produiront les moûts concentrés auront des bénéfices bien supérieurs, que par la production des vins. Nous invitons les vignerons à s'intéresser à cette production nouvelle, veuillez en faire un essai pour une partie de produits de votre culture, les bénéfices acquis vous encourageront à continuer ensuite et à augmenter même la production.

Veuillez nous faire connaître la quantité que vous désirez produire, afin de nous permettre d'en limiter le chiffre au besoin de la consommation.

Cave Coopérative Viticole.

Une des causes principales est aussi l'état actuel des choses. Dès les vendanges de septembre en octobre de millions d'hectolitres de petits vins, non logés est jetés hâtive.

ment sur le marché, au début des affaires, entraînent l'effon-drement des cours, ce qui est très préjudiciable à toute la production.

Pour parer à la situation nous avons élaboré le projet des caves coopératives.

La cave coopérative servira à recevoir, à vinifier en commun et à vendre en bloc toutes les petites récoltes, mal logées, ne pouvant être défendues par leur propriétaire parce qu'ils sont trop faibles pour aborder les grands marchés.

Il y aurait un seul vendeur de 10, 20, 30,000 ou plus d'hectolitres de vin bien fait, ayant des types uniformes, invariables et possédant une marque au lieu d'avoir à faire à 200, 300 ou 400 propriétaires de 50, 100 ou 200 hectolitres mal faits, mal logés et chaque lot formant un ou plusieurs types, qui tombent entre les mains des vautours communaux ou cantonaux, et vont ensuite s'enfouir dans les officines du négoce qui les livre à la consommation après les avoir travaillés.

Les viticulteurs qui peuvent se défendre et attendre le moment d'une vente plus favorable, ont tout intérêt à vulgariser dans leur entourage l'idée de la cave coopérative, ils subissent eux aussi le contre-coup de la dépréciation des cours causés par les vignerons embarassés.

Le projet de la cave coopérative est adressé à tous les viticulteurs qui en feront la demande.

Veuillez nous dire Monsieur, s'il vous plairait de vous intéresser à cette très importante question, dès que nous aurons reçu votre avis, une carte d'invitation vous sera gracieusement adressée, et vous pourrez assister aux expériences démonstratives qui auront lieu prochainement.

AUDIBERT,

PROPRIÉTAIRE-VITICULTEUR

Membre de plusieurs Sociétés Viticoles.

14, Route d'Arles, 14. — NIMES

Nimes. — Imp. Numa MOLLIÈRE, rue de l'Abattoir, 4.